石油企业岗位练兵手册

钻井柴油机工

大庆油田有限责任公司 编

石油工业出版社

图书在版编目（CIP）数据

钻井柴油机工/大庆油田有限责任公司编.
北京：石油工业出版社，2013.9
（石油企业岗位练兵手册）
ISBN 978-7-5021-9780-3

Ⅰ.钻…
Ⅱ.大…
Ⅲ.油气钻井-柴油机-技术手册
Ⅳ.TE924-62

中国版本图书馆 CIP 数据核字（2013）第 218061 号

出版发行：石油工业出版社
　　　　（北京安定门外安华里2区1号　100011）
　　　网　　址：http://pip.cnpc.com.cn
　　　编辑部：（010）64523580　发行部：（010）64523620
经　　销：全国新华书店
印　　刷：北京中石油彩色印刷有限责任公司

2013年9月第1版　2013年9月第1次印刷
787×1092 毫米　开本：1/32　印张：2.375
字数：55 千字

定价：10.00 元
（如出现印装质量问题，我社发行部负责调换）
版权所有，翻印必究

《石油企业岗位练兵手册》编委会

主　　　任：王建新
副　主　任：赵玉昆
委　　　员：宋　俭　董洪亮　吴景刚　全海涛
　　　　　　戴　莹　王　旭

本书编审组

主　　　编：牟一波
副　主　编：林广庆　王红燕　曹　剑　王日民
编审组成员：侯树明　于　洋　孙　建　吕增烈
　　　　　　高洪宝　王　涛　闫庆中　张　勇
　　　　　　宋占武

前　言

　　岗位练兵是大庆油田的优良传统，是强化基本功训练、提升员工素质的重要手段。新时期、新形势下，按照全面加强三基工作的有关要求，为进一步强化和规范经常性岗位练兵活动，切实提高基层员工队伍的基本素质，按照"实际、实用、实效"的原则，大庆油田有限责任公司人事部组织编写了《石油企业岗位练兵手册》丛书。围绕提升政治素养和业务技能的要求，本套丛书架构分为基本素养、基础知识、基本技能三部分。基本素养包括企业文化（大庆精神、铁人精神、优良传统）和职业道德等内容，基础知识包括与工种岗位密切相关的专业知识和 HSE 知识等内容，基本技能包括操作技能和常见故障判断处理等内容。本套丛书的编写，严格依据最新行业规范和技术标准，同时充分结合目前专业知识更新、生产设备调整、操作工艺优化等实际情况，具有突出的实用性和规范性的特点，既能作为基层开展岗位练兵、提高业务技能的实用教材，也可以作为员工岗位自学、单位开展技能竞赛的参考资料。

　　希望本套丛书的出版能够为各石油企业有所借鉴，为持续、深入地抓好基层全员培训工作，不断提升员工队伍整体素质，为实现石油企业科学发展提供人力资源保障。同时，也希望广大读者对本套丛书的修改完善提出宝贵意见，以便今后修订时能更好地规范和丰富其内容，为基层扎实有效地开展岗位练兵活动提供有力支撑。

编　者
2013 年 3 月

目　录

第一部分　基本素养

一、企业文化 …………………………………………… 1

（一）名词解释 ……………………………………… 1

1. 大庆精神 …………………………………… 1
2. 铁人精神 …………………………………… 1
3. 艰苦奋斗的六个传家宝 …………………… 1
4. 三老四严 …………………………………… 2
5. 四个一样 …………………………………… 2
6. 思想政治工作"两手抓" …………………… 2
7. 岗位责任制 ………………………………… 2
8. 三基工作 …………………………………… 2
9. 四懂三会 …………………………………… 2
10. 五条要求 …………………………………… 2
11. 新时期铁人 ………………………………… 2
12. 大庆新铁人 ………………………………… 2

（二）问答 …………………………………………… 2

1. 简述大庆油田名称的由来。 ……………… 2
2. 中共中央何时批准大庆石油会战？ ……… 3
3. 什么是"两论"起家？ …………………… 3

4. 什么是"两分法"前进? ………………………………… 3
5. 简述会战时期"五面红旗"及其具体事迹。 …………… 3
6. 大庆投产的第一口油井和试注成功的第一口水井各是什么? ……………………………………………………… 4
7. 会战时期讲的"三股气"是指什么? …………………… 4
8. 什么是"九热一冷"工作法? …………………………… 4
9. 什么是"三一"、"四到"、"五报"交接法? ………… 4
10. 大庆油田原油年产 5000 万吨以上持续稳产的时间是哪年? ……………………………………………………… 5
11. 中国石油天然气集团公司核心经营管理理念是什么? ……………………………………………………………… 5
12. 中国石油天然气集团公司企业精神是什么? ………… 5
13. 新时期新阶段三基工作的基本内涵是什么? ………… 5
14. "十二五"时期,中国石油天然气集团公司全面推进三基工作新的重大工程的总体思路是什么? ………………… 6
15. 中国石油天然气集团公司全面推进三基工作新的重大工程的主要目标是什么? ……………………………………… 6

二、职业道德 ………………………………………………… 6

(一) 名词解释 …………………………………………… 6
1. 道德 ………………………………………………………… 6
2. 职业道德 …………………………………………………… 6
3. 爱岗敬业 …………………………………………………… 6
4. 诚实守信 …………………………………………………… 6
5. 劳动纪律 …………………………………………………… 7

(二) 问答 ………………………………………………… 7
1. 社会主义精神文明建设的根本任务是什么? ………… 7
2. 我国社会主义思想道德建设的基本要求是什么? …… 7

3. 为什么要遵守职业道德？ ………………………………… 7
4. 爱岗敬业的基本要求是什么？ …………………………… 7
5. 诚实守信的基本要求是什么？ …………………………… 8
6. 职业纪律的重要性是什么？ ……………………………… 8
7. 合作的重要性是什么？ …………………………………… 8
8. 奉献的重要性是什么？ …………………………………… 8
9. 奉献的基本要求是什么？ ………………………………… 8
10. 企业员工应具备的职业素养是什么？ …………………… 8
11. 培养"四有"职工队伍的主要内容是什么？ …………… 8
12. 如何做到团结互助？ ……………………………………… 8
13. 职业道德行为养成的途径和方法是什么？ ……………… 9
14. 中国石油天然气集团公司员工职业道德规范具体内容是什么？ ……………………………………………………… 9
15. 对违纪员工的处理原则是什么？ ………………………… 9
16. 对员工的奖励包括哪几种？ ……………………………… 9
17. 对员工的行政处分包括哪几种？ ………………………… 10
18. 《中国石油天然气集团公司反违章禁令》有哪些规定？ …………………………………………………………… 10

第二部分 基础知识

一、专业知识 ……………………………………………… 11

(一) 名词解释 ……………………………………………… 11

1. 上止点 …………………………………………………… 11
2. 下止点 …………………………………………………… 11
3. 冲程 ……………………………………………………… 11
4. 缸径 ……………………………………………………… 11
5. 气缸工作容积 …………………………………………… 11

6. 压缩比 ……………………………………… 11
7. 最大爆发压力 …………………………… 11
8. 发动机排量 ……………………………… 12
9. 供油提前角 ……………………………… 12
10. 配气相位 ………………………………… 12
11. 气门间隙 ………………………………… 12
12. 临界转速 ………………………………… 12
13. 工作循环 ………………………………… 12
14. 四冲程柴油机 …………………………… 12
15. 黏度 ……………………………………… 12
16. 凝点 ……………………………………… 12
17. 闪点 ……………………………………… 12
18. 导体 ……………………………………… 12
19. 绝缘体 …………………………………… 12
20. 半导体 …………………………………… 12
21. 电阻 ……………………………………… 12
22. 电功 ……………………………………… 12
23. 欧姆定律 ………………………………… 12
24. 电功率 …………………………………… 13
25. 串联 ……………………………………… 13
26. 并联 ……………………………………… 13
27. 电磁感应 ………………………………… 13
28. 热处理 …………………………………… 13
29. 强度 ……………………………………… 13
30. 刚度 ……………………………………… 13
31. 稳定性 …………………………………… 13
32. 拉伸 ……………………………………… 13

33. 压缩 ·· 13
34. 剪切 ·· 13
35. 扭转 ·· 13
36. 极限强度 ·· 13
37. 硬度 ·· 13
38. 退火 ·· 13
39. 淬火 ·· 14
40. 皮带传动 ·· 14
41. 链传动 ·· 14
42. 齿轮传动 ·· 14
43. 液压传动 ·· 14
44. 摩擦轮传动 ·· 14
45. 气压传动 ·· 14
46. 负荷特性 ·· 14
47. 速度特性 ·· 14
48. 万有特性曲线 ·· 14
49. 指示功率 ·· 14
50. 有效功率 ·· 14
(二) 问答 ·· 15
1. 什么叫三视图？基本视图有哪几种？ ··············· 15
2. 游标卡尺读数应注意什么？ ························ 15
3. 百分尺使用注意什么？ ···························· 15
4. 百分表使用注意什么？ ···························· 15
5. 柴油机配套机组怎样吊装？ ························ 16
6. 配套机组的柴油机对安装基础有什么要求？ ········ 16
7. 力的图示是什么？ ································ 16
8. 力学中经常遇到哪三种力？单位如何表示？ ········ 16

9. 曲柄连杆机构工作时受哪些力的作用？……………… 16
10. 曲柄连杆机构的运动包括哪几个运动件？运动形式是怎样的？……………………………………………………… 16
11. 锉刀怎么选择？………………………………………… 17
12. 柴油机正常工作时摩擦现象有哪些危害？…………… 17
13. 润滑的定义是什么？…………………………………… 17
14. 柴油机润滑的理论基础是什么？……………………… 17
15. 磨合的作用是什么？…………………………………… 17
16. 柴油机润滑的作用是什么？…………………………… 18
17. 柴油机的正常润滑要求是什么？……………………… 18
18. 润滑方式是什么？柴油机常见的润滑方式有哪几种？
……………………………………………………………… 18
19. 复合式润滑是什么？特点有哪些？…………………… 18
20. 润滑油的性能指标有哪些？…………………………… 18
21. 柴油机用润滑油应满足的要求有哪些？……………… 18
22. 柴油的特点是什么？…………………………………… 18
23. 柴油机的燃烧过程分几个阶段？最重要的阶段是哪个？……………………………………………………………… 19
24. 着火延迟期缩短的途径有哪些？……………………… 19
25. 选择柴油机的原则是什么？…………………………… 19
26. 钻井过程对柴油机的要求是什么？…………………… 19
27. 柴油机启动的必要条件是什么？……………………… 19
28. 气缸套磨损后柴油机故障现象有哪些？……………… 19
29. 气缸套磨损产生的原因有哪些？……………………… 20
30. 活塞环磨损的原因有哪些？…………………………… 20
31. 间隙配合与过盈配合不同点是什么？………………… 20
32. 齿轮传动的基本要求是什么？………………………… 20

33. 标准直齿圆柱齿轮主要参数有哪些？ …………… 20
34. 液压传动的工作原理是什么？ ………………… 21
35. 液压传动系统的组成与功用是什么？ ………… 21
36. 标注尺寸应注意问题有哪些？ ………………… 21
37. 尺寸基准有哪些？用途是什么？ ……………… 21
38. 绘制零件草图的步骤有哪些？ ………………… 21
39. 柴油机功率不足增压器的故障有哪些？ ……… 22
40. 柴油机功率不足喷油泵的故障有哪些？ ……… 22
41. 润滑油温度过高的原因有哪些？ ……………… 22
42. 柴油机的润滑油压力过低润滑系统的故障有哪些？
………………………………………………………… 22
43. 柴油机排气冒黑烟的原因有哪些？ …………… 22
44. 柴油机的润滑油压力过高原因有哪些？ ……… 23
45. 柴油机送大修的条件是什么？ ………………… 23
46. 验收柴油机外表检查的主要内容有哪些？ …… 23
47. 柴油机修理过程中进行磨合和试验是为什么？ … 23
48. Z12V190B 型柴油机总装顺序是什么？ ………… 23
49. 柴油机试车后的工作要求有哪些？ …………… 23
50. 柴油机试车过程中应检查的内容有哪些？ …… 24
51. 交流电的周期是什么？用公式表示周期与频率的关系。 ……………………………………………… 24
52. 测量电流的方法是什么？ ……………………… 24
53. 不知道电压的高低时，用万用表测量交流电压应如何操作？ ……………………………………………… 24
54. 保护接地的定义是什么？ ……………………… 24
55. 三相短路造成的危害有哪些？ ………………… 24
56. 电力系统经常发生的事故是哪几种？ ………… 25

57. 发生触电的原因有哪些? …………………………… 25
58. 电动机保护装置应装哪些? …………………………… 25
59. 有人触电应该采取什么方法? ………………………… 25
60. 柴油机在何种情况要紧急停车? 采取什么方法? …… 25
61. 柴油机启动电瓶上面为什么要用绝缘材料覆盖? …… 26

二、HSE 知识 …………………………………………… 26

(一) 名词解释 ……………………………………… 26

1. 触电 ……………………………………………… 26
2. 静电 ……………………………………………… 26
3. 跨步电压触电 …………………………………… 26
4. 保护接零 ………………………………………… 26
5. 保护接地 ………………………………………… 26
6. 燃烧 ……………………………………………… 26
7. 闪燃 ……………………………………………… 26
8. 自燃 ……………………………………………… 26
9. 着火 ……………………………………………… 27
10. 爆燃 ……………………………………………… 27
11. 爆炸极限 ………………………………………… 27
12. 火灾 ……………………………………………… 27
13. 冷却法 …………………………………………… 27
14. 窒息法 …………………………………………… 27
15. 隔离法 …………………………………………… 27
16. 噪声 ……………………………………………… 27
17. 锁定 ……………………………………………… 27
18. 清洁生产 ………………………………………… 27
19. 挂牌 ……………………………………………… 27

(二) 问答 …………………………………………… 28

1. 哪些物质易产生静电？……………………………28
2. 为什么静电能将可燃物引燃？……………………28
3. 防止静电有哪几种措施？…………………………28
4. 怎样预防静电事故的发生？………………………28
5. 触电的现场急救方法主要有几种？………………28
6. 发生人身触电应该怎么办？………………………28
7. 如何使触电者脱离电源？…………………………29
8. 预防触电事故的措施有哪些？……………………29
9. 触电急救有哪些原则？……………………………29
10. 触电急救要点是什么？……………………………29
11. 安全用电注意事项有哪些？………………………29
12. 扑救火灾的原则是什么？…………………………30
13. 常用的消防器材有哪些？…………………………30
14. 目前油田常用的灭火器有哪些？…………………30
15. 手提式干粉灭火器如何使用？适用哪些火灾的扑救？
　　……………………………………………………30
16. 使用干粉灭火器的注意事项有哪些？……………30
17. 如何检查管理干粉灭火器？………………………30
18. 如何报火警？………………………………………31
19. 油、气、电着火如何处理？………………………31
20. 为什么要使用防爆电气设备？……………………31
21. 哪些场所应使用防爆电气设备？…………………31
22. 防爆有哪些措施？…………………………………32
23. 哪些伤害必须现场抢救？…………………………32
24. 外伤急救步骤是什么？……………………………32
25. 有害气体中毒急救措施有哪些？…………………32
26. 烧烫伤急救要点是什么？…………………………32

27. 如何判定触电伤员呼吸、心跳？ …………………… 33
28. 如何进行口对口（鼻）人工呼吸？ ………………… 33
29. 如何对伤员进行胸外按压？ ………………………… 33
30. 心肺复苏法操作频率有什么规定？ ………………… 34
31. 心肺复苏有效的特征是什么？ ……………………… 34
32. 流血不止怎么办？ …………………………………… 34
33. 消防演习都有哪些程序？ …………………………… 34
34. 怎样处理低压触电？ ………………………………… 35
35. 怎样处理高压触电？ ………………………………… 35
36. 硫化氢对人体危害的生理过程是怎样的？ ………… 35
37. 发生火灾时应采取哪些措施？ ……………………… 35
38. 柴油机噪声应如何防治？ …………………………… 36
39. 哪些原因容易导致发生机械伤害？ ………………… 36
40. 为防止机械伤害事故，有哪些安全要求？ ………… 36
41. 机泵容易对人体造成哪些直接伤害？ ……………… 36

第三部分　基本技能

一、操作技能 …………………………………………… 37

1. 启动柴油机前的检查与准备操作 ……………………… 37
2. 启动柴油机操作 ………………………………………… 38
3. 柴油机带负荷及运转操作 ……………………………… 39
4. 柴油机正常停车操作 …………………………………… 40
5. 柴油机长期停用操作（一个月以上） ………………… 41
6. 柴油机及柴油机组巡回检查 …………………………… 42
7. 190系列发电机组启动与加载操作 …………………… 44
8. 发电机组停机操作 ……………………………………… 45

二、常见故障判断处理 ………………………… 46

1. 柴油机气启动系统启动故障的原因是什么？如何处理？
………………………………………………………………… 46
2. 燃油系统故障时，启动柴油机有什么现象？原因和处理方法是什么？ ……………………………………………… 46
3. 柴油机进排气系统故障，启动时有什么现象？原因和处理方法是什么？ ……………………………………………… 47
4. 柴油机功率不足时燃油系统故障原因和处理方法是什么？ ………………………………………………………………… 48
5. 柴油机运转时进排气系统产生故障原因和处理方法是什么？ ………………………………………………………………… 48
6. 柴油机运转不均匀时，喷油泵产生的故障原因和处理方法是什么？ ……………………………………………………… 49
7. 柴油机机油压力低时，润滑系统产生的故障原因是什么？如何处理？ ………………………………………………… 50
8. 柴油机机油温度过高时，润滑系统的故障原因是什么？如何处理？ ……………………………………………………… 51
9. 柴油机机油温度过高时，冷却系统的故障原因是什么？如何处理？ ……………………………………………………… 51
10. 柴油机机油稀释，冷却系统的故障原因是什么？如何处理？ ………………………………………………………………… 52
11. 柴油机机油稀释，燃油系统造成的故障原因是什么？如何处理？ ……………………………………………………… 52
12. 柴油机排气温度过高，进排气系统的故障原因是什么？如何处理？ ……………………………………………………… 52
13. 柴油机排气温度过高，燃油系统的故障原因是什么？如何处理？ ……………………………………………………… 53

14. 柴油机呼吸器逸气异常的故障原因是什么？如何处理? ················· 53

15. 柴油机冷却水温度过高，冷却系统的故障原因是什么？如何处理? ················· 54

16. 柴油机排气冒黑烟时，进排气系统的故障原因是什么？如何处理? ················· 54

17. 柴油机排气冒黑烟时，燃油系统的故障原因是什么？如何处理? ················· 55

18. 柴油机系统排气冒蓝烟的故障原因是什么？如何处理? ················· 56

19. 柴油机系统振动过大的故障原因是什么？如何处理?
················· 56

20. 柴油机燃烧过程中有敲击声的故障原因是什么？如何处理? ················· 57

21. 柴油机有机械敲击声的故障原因是什么？如何处理?
················· 58

第一部分 基本素养

一、企业文化

(一) 名词解释

1. 大庆精神：为国争光、为民族争气的爱国主义精神；独立自主、自力更生的艰苦创业精神；讲究科学、"三老四严"的求实精神；胸怀全局、为国分忧的奉献精神。

2. 铁人精神："为国分忧、为民族争气"的爱国主义精神；为"早日把中国石油落后的帽子甩到太平洋里去"，"宁肯少活20年，拼命也要拿下大油田"的忘我拼搏精神；为干革命"有条件要上，没有条件创造条件也要上"的艰苦奋斗精神；"要为油田负责一辈子"，"干工作要经得起子孙后代检查"，对技术精益求精，为革命"练一身硬功夫、真本事"的科学求实精神；"甘愿为党和人民当一辈子老黄牛"，不计名利，不计报酬，埋头苦干的奉献精神。

3. 艰苦奋斗的六个传家宝："人拉肩扛"精神，"干打垒"精神，"五把铁锹闹革命"精神，"缝补厂"精神，"回收队"精神，"修旧利废"精神。

4. 三老四严：对待革命事业，要当老实人，说老实话，办老实事；对待工作，要有严格的要求，严密的组织，严肃的态度，严明的纪律。

5. 四个一样：黑天和白天一个样，坏天气和好天气一个样，领导不在场和领导在场一个样，没有人检查和有人检查一个样。

6. 思想政治工作"两手抓"：抓生产从思想入手，抓思想从生产出发。这是大庆正确处理思想政治工作与经济工作关系的基本原则，也是大庆思想政治工作的一条基本经验。

7. 岗位责任制：岗位专责制、交接班制、巡回检查制、设备维修保养制、质量负责制、岗位练兵制、安全生产制、班组经济核算制。

8. 三基工作：以党支部建设为核心的基层建设，以岗位责任制为中心的基础工作，以岗位练兵为主要内容的基本功训练。

9. 四懂三会：懂设备性能、懂结构原理、懂操作要领、懂维护保养；会操作，会保养，会排除故障。

10. 五条要求：人人出手过得硬，事事做到规格化，项项工程质量全优，台台在用设备完好，处处注意勤俭节约。

11. 新时期铁人：王启民。

12. 大庆新铁人：李新民。

（二）问答

1. 简述大庆油田名称的由来。

1959年9月26日，建国十周年大庆前夕，位于黑龙江省原肇州县大同镇附近的松基三井喷出了具有工业价值的油流，为了纪念这个大喜大庆的日子，当时黑龙江省委第一书记欧阳钦同志建议将该油田定名为大庆油田。

2. 中共中央何时批准大庆石油会战？

1960年2月13日，石油工业部以党组的名义向中共中央、国务院提出了《关于东北松辽地区石油勘探情况和今后工作部署问题的报告》，1960年2月20日中共中央正式批准大庆石油会战。

3. 什么是"两论"起家？

1960年4月10日，大庆石油会战一开始，会战领导小组就以石油工业部机关党委的名义做出了《关于学习毛泽东同志所著〈实践论〉和〈矛盾论〉的决定》，号召广大会战职工学习毛泽东同志的《实践论》、《矛盾论》和毛泽东同志的其他著作，以马列主义、毛泽东思想指导石油大会战，用辩证唯物主义的立场、观点、方法，认识油田规律，分析和解决会战中遇到的各种问题。广大职工说，我们的会战是靠"两论"起家的。

4. 什么是"两分法"前进？

1964年，《人民日报》发表了《大庆精神大庆人》长篇通讯。毛泽东同志发出了"工业学大庆"的号召。当时，又正值毛泽东同志发表了《加强相互学习，克服固步自封、骄傲自满》。石油工业部党组根据油田实际抓住时机，及时在全体职工中进行了"两分法"教育。"两分法"的主要内容是：在任何时候，对任何事情，都要运用"两分法"。成绩越好，形势越好，越要一分为二。要坚持学"两点论"，反对"一点论"，坚持辩证法，反对形而上学，揭矛盾，找差距，戒骄戒躁，不断前进。

5. 简述会战时期"五面红旗"及其具体事迹。

"五面红旗"喻指大庆石油会战初期涌现的五位先进榜

样:王进喜、马德仁、段兴枝、薛国邦、朱洪昌。钻井队长王进喜带领队伍人拉肩扛抬钻机,端水打井保开钻,在发生井喷的危急时刻,奋不顾身跳下泥浆池,用身体搅拌泥浆制服井喷;钻井队长马德仁在泥浆泵上水管线冻结时,不畏严寒,破冰下泥浆池,疏通上水管线;钻井队长段兴枝在吊车和拖拉机不足的情况下,利用钻机本身的动力设施,解决了钻机搬家的困难;大庆油田第一个采油队队长薛国邦自制绞车,给第一批油井清蜡,又手持蒸汽管下到油池里化开凝结的原油,保证了大庆油田首次原油外运列车顺利起程;工程队队长朱洪昌在供水管线漏水时,用手捂着漏点,忍着灼烧的疼痛,让焊工焊接裂缝,保证了供水工程提前竣工。

6. 大庆投产的第一口油井和试注成功的第一口水井各是什么?

1960年5月16日,大庆第一口油井中7－11井投产;1960年10月18日,大庆油田第一口注水井7排11井试注成功。

7. 会战时期讲的"三股气"是指什么?

对一个国家来讲,就要有民气;对一个队伍来讲,就要有士气;对一个人来讲,就要有志气。三股气结合起来,就会形成强大的力量。

8. 什么是"九热一冷"工作法?

"九热一冷"工作法是大庆石油会战中创造的一种领导工作方法,指在一旬中,九天跑基层了解情况,一天坐下来分析研究工作中的经验教训。

9. 什么是"三一"、"四到"、"五报"交接法?

对重要的生产部位要一点一点地交接、对主要的生产数据要一个一个地交接、对主要的生产工具要一件一件地交接；交接班时应该看到的要看到、应该听到的要听到、应该摸到的要摸到、应该闻到的要闻到；交接班时报检查部位、报部件名称、报生产状况、报存在的问题、报采取的措施，开好交接班会议，会议记录必须规范完整。

10. 大庆油田原油年产 5000 万吨以上持续稳产的时间是哪年？

1976 年至 2002 年，大庆油田实现原油年产 5000 万吨以上连续 27 年高产稳产，创造了世界同类油田开发史上的奇迹。

11. 中国石油天然气集团公司核心经营管理理念是什么？

诚信：立诚守信，言真行实；创新：与时俱进，开拓创新；业绩：业绩至上，创造卓越；和谐：团结协作，营造和谐；安全：以人为本，安全第一。

12. 中国石油天然气集团公司企业精神是什么？

爱国：爱岗敬业，产业报国，持续发展，为增强综合国力作贡献。创业：艰苦奋斗，锐意进取，创业永恒，始终不渝地追求一流。求实：讲求科学，实事求是，"三老四严"，不断提高管理水平和科技水平。奉献：职工奉献企业，企业回报社会、回报客户、回报职工、回报投资者。

13. 新时期新阶段三基工作的基本内涵是什么？

基层建设、基础工作、基本素质。基层建设是以党建、班子建设为主要内容的基层组织和队伍建设，是企业发展的重要保障；基础工作是以质量、计量、标准化、制度、流程等为主要内容的基础性管理，是企业管理的重要着力点；基本素质是以政治素养和业务技能为主要内容的员工素质与能力，是企业综合实力的重要体现。

14. "十二五"时期,中国石油天然气集团公司全面推进三基工作新的重大工程的总体思路是什么?

以科学发展观为指导,紧紧围绕建设综合性国际能源公司战略目标,突出主题主线主旨,坚持以人为本、公平效率,坚持求真务实、与时俱进,更加注重制度的建设和执行,更加注重流程的规范和控制,更加注重管理的绩效和创新,全面提升基层建设、基础管理水平和员工基本素质,为实现集团公司可持续发展奠定坚实基础。

15. 中国石油天然气集团公司全面推进三基工作新的重大工程的主要目标是什么?

基层组织坚强有力,基础管理科学规范,基本素质整体优良,HSE业绩显著提升,发展环境和谐稳定,服务型机关建设成效显著。

二、职业道德

(一) 名词解释

1. 道德:是调节个人与自我、他人、社会和自然界之间关系的行为规范的总和。

2. 职业道德:同人们的职业活动紧密联系的、符合职业特点要求的道德准则、道德情操与道德品质的总和。

3. 爱岗敬业:爱岗就是热爱自己的工作岗位,热爱自己从事的职业;敬业就是以恭敬、严肃、负责的态度对待工作,一丝不苟,兢兢业业,专心致志。

4. 诚实守信:诚实就是真心诚意,实事求是,不虚假,不欺诈;守信就是遵守承诺,讲究信用,注重质量和信誉。

5. 劳动纪律：用人单位为形成和维持生产经营秩序，保证劳动合同得以履行，要求全体员工在集体劳动、工作、生活过程中，以及与劳动、工作紧密相关的其他过程中必须共同遵守的规则。

(二) 问答

1. 社会主义精神文明建设的根本任务是什么？

适应社会主义现代化建设的需要，培育有理想、有道德、有文化、有纪律的社会主义公民，提高整个中华民族的思想道德素质和科学文化素质。

2. 我国社会主义思想道德建设的基本要求是什么？

爱祖国、爱人民、爱劳动、爱科学、爱社会主义。

3. 为什么要遵守职业道德？

职业道德是社会道德体系的重要组成部分，它一方面具有社会道德的一般作用，另一方面它又具有自身的特殊作用，具体表现在：（1）调节职业交往中从业人员内部以及从业人员与服务对象间的关系。（2）有助于维护和提高本行业的信誉。（3）促进本行业的发展。（4）有助于提高全社会的道德水平。

4. 爱岗敬业的基本要求是什么？

（1）要乐业。乐业就是从内心里热爱并热心于自己所从事的职业和岗位，把干好工作当作最快乐的事，做到其乐融融。（2）要勤业。勤业是指忠于职守，认真负责，刻苦勤奋，不懈努力。（3）要精业。精业是指对本职工作业务纯熟，精益求精，力求使自己的技能不断提高，使自己的工作成果尽善尽美，不断地有所进步、有所发明、有所创造。

5. 诚实守信的基本要求是什么?

要诚信无欺,要讲究质量,要信守合同。

6. 职业纪律的重要性是什么?

职业纪律影响到企业的形象,职业纪律关系到企业的成败,遵守职业纪律是企业选择员工的重要标准,遵守职业纪律关系到员工个人事业的成功与发展。

7. 合作的重要性是什么?

合作是企业生产经营顺利进行的内在要求,是从业人员汲取智慧和力量的重要手段,是打造优秀团队的有效途径。

8. 奉献的重要性是什么?

奉献是企业发展的保障,是从业人员履行职业责任的必由之路,有助于创造良好的工作环境,是从业人员实现职业理想的途径。

9. 奉献的基本要求是什么?

(1)尽职尽责。要明确岗位职责,要培养职责情感,要全力以赴工作。(2)尊重集体。以企业利益为重,正确对待个人利益,要树立职业理想。(3)为人民服务。树立为人民服务的意识,培育为人民服务的荣誉感,提高为人民服务的本领。

10. 企业员工应具备的职业素养是什么?

诚实守信、爱岗敬业、团结互助、文明礼貌、办事公道、勤劳节俭、开拓创新。

11. 培养"四有"职工队伍的主要内容是什么?

有理想、有道德、有文化、有纪律。

12. 如何做到团结互助?

(1)具备强烈的归属感。(2)参与和分享。(3)平等尊重。(4) 信任。(5) 协同合作。(6) 顾全大局。

13. 职业道德行为养成的途径和方法是什么？

（1）在日常生活中培养。从小事做起，严格遵守行为规范；从自我做起，自觉养成良好习惯。（2）在专业学习中训练。增强职业意识，遵守职业规范；重视技能训练，提高职业素养。（3）在社会实践中体验。参加社会实践，培养职业道德；学做结合，知行统一。（4）在自我修养中提高。体验生活，经常进行"内省"；学习榜样，努力做到"慎独"。（5）在职业活动中强化。将职业道德知识内化为信念；将职业道德信念外化为行为。

14. 中国石油天然气集团公司员工职业道德规范具体内容是什么？

（1）遵守公司经营业务所在地的法律、法规。（2）认真践行公司精神、宗旨及核心经营管理理念。（3）遵守公司章程，诚实守信，忠诚于公司。（4）继承弘扬大庆精神、铁人精神和中国石油优良传统作风。（5）认真履行岗位职责。（6）坚持公平公正。（7）保护公司资产并用于合法目的。（8）禁止参与可能导致与公司有利益冲突的活动。

15. 对违纪员工的处理原则是什么？

（1）教育为主、惩罚为辅。（2）区别情节、分类对待。（3）实事求是、依法处理。

16. 对员工的奖励包括哪几种？

记功、记大功，晋级，通令嘉奖，授予先进生产（工作）者、劳动模范等荣誉称号。在给予上述奖励时，可以发给一次性奖金。

17. 对员工的行政处分包括哪几种？

警告、记过、记大过、降级、撤职、留用察看、开除。在给予上述行政处分的同时，可以给予一次性罚款。

18.《中国石油天然气集团公司反违章禁令》有哪些规定？

为进一步规范员工安全行为，防止和杜绝"三违"现象，保障员工生命安全和企业生产经营的顺利进行，特制定本禁令。

一、严禁特种作业无有效操作证人员上岗操作；

二、严禁违反操作规程操作；

三、严禁无票证从事危险作业；

四、严禁脱岗、睡岗和酒后上岗；

五、严禁违反规定运输民爆物品、放射源和危险化学品；

六、严禁违章指挥、强令他人违章作业。

员工违反上述禁令，给予行政处分；造成事故的，解除劳动合同。

第二部分 基础知识

一、专业知识

(一) 名词解释

1. 上止点：活塞运动时，活塞离开曲轴中心线最远距离时活塞顶部所对应的气缸位置。

2. 下止点：活塞运动时，活塞离开曲轴中心线最近距离时活塞顶部所对应的气缸位置。

3. 冲程：活塞从一个止点到另一个止点所经过的距离。用 S 表示。如 PZ12V190B 型柴油机的冲程为 210mm。

4. 缸径：气缸的直径，单位：mm。

5. 气缸工作容积：活塞从一个止点到另一个止点所扫过的空间，用 V_S 表示，单位：L。

6. 压缩比：气缸总容积与燃烧室容积之比，用 ε 表示。压缩比越大，终了气缸内的温度和压力越高，一般柴油机的压缩比为 13~20，汽油机的压缩比为 6.5~10。

7. 最大爆发压力：燃料燃烧时，在气缸内气体所产生的最大压力值。

8. 发动机排量：各气缸工作容积之和，用 $V_{总}$ 表示，单位：L。

9. 供油提前角：喷油泵出油阀座处刚刚开始出油时在压缩冲程上止点前所对应的曲轴转角。

10. 配气相位：用曲轴的转角来表示进排气门的开关时刻与持续时间。

11. 气门间隙：气门在完全关闭的状态下，气门杆端面与摇臂端面间的间隙。

12. 临界转速：柴油机曲轴发生共振的转数。

13. 工作循环：柴油机依次完成进气、压缩、燃烧膨胀、排气的过程。

14. 四冲程柴油机：曲轴旋转两周，活塞连续进行四个冲程，完成一个工作循环的柴油机。

15. 黏度：油料的稀稠度，它表示其流动性能。

16. 凝点：在一定条件下液体失去流动性时的最高温度称为凝点。

17. 闪点：规定条件下油料加热后挥发的油蒸气在火焰移近时出现闪火的最低温度。

18. 导体：有明显的导电性，比较容易导电的物体称为导体。

19. 绝缘体：导电能力很差，几乎不能导电的物体称为绝缘体。

20. 半导体：导电能力介于导体与绝缘体之间的物体称为半导体。

21. 电阻：电流在导体内通过时受到的阻力称为电阻。

22. 电功：电流通过负载所做的功称为电功。

23. 欧姆定律：在部分电路中，通过电阻 R 的电流 I 与电

阻两端的电压 U 成正比,这个关系称为欧姆定律,其数学表达式为 $I = U/R$。

24. 电功率:电流在单位时间内所做的功称为电功率。

25. 串联:几个电阻头和尾依次相接,接成一串,称为电阻串联。

26. 并联:几个电阻头与头、尾与尾分别接在一起的并排连接方式称为电阻的并联。

27. 电磁感应:当导体切割磁力线或穿过线圈的磁力线发生变化时,在导体两端就感生电动势,这种现象称为电磁感应。

28. 热处理:对工件采取加热、保温、冷却的方法改变其内部组织结构从而达到改善其力学性能的工艺方法。

29. 强度:零件在外力作用下抵抗破坏(包括断裂和塑性变形)的能力。

30. 刚度:零件在外力作用下抵抗弹性变形的能力。

31. 稳定性:构件在变形过程中始终保持其原有平衡形式的能力。

32. 拉伸:在外力作用下零件长度增长的变形形式称为拉伸。

33. 压缩:零件在外力作用下杆件的长度减少的变形形式称为压缩。

34. 剪切:零件在外力作用下使相邻的横截面沿作用力的方向发生相对滑动的形式称为剪切。

35. 扭转:零件在外力作用下使相邻的横截面绕轴线做相对转动的变形形式称为扭转。

36. 极限强度:材料抵抗外力破坏作用的最大能力。

37. 硬度:材料抵抗硬的物体压入自己表面的能力。

38. 退火:将钢件加热到临界温度以上(30~50℃),保温一段时间,然后再缓慢地冷下来。

39. 淬火:将钢件加热到临界点以上温度,保温一段时间,然后在水、盐水或油中急冷下来,使其得到高硬度。

40. 皮带传动:依靠皮带和皮带轮之间的摩擦力来传递动力的一种传动方式。

41. 链传动:在两个或多个链轮之间用链条作挠性拉拽元件的一种啮合传动。

42. 齿轮传动:利用两齿轮的轮齿相互啮合传递动力和运动的机械传动。

43. 液压传动:利用液体来传递动力和控制或产生某些预定的动作的一种传动方式。

44. 摩擦轮传动:利用两轮间的摩擦力实现动力传递的预定的动作的一种传动方式。

45. 气压传动:利用气体实现动力的传递或完成某些指定动作的传动方式。

46. 负荷特性:柴油机转速不变时,其性能参数随负荷变化的关系。

47. 速度特性:保持供油量不变时,柴油机的性能参数随转速变化的关系称为速度特性,喷油泵齿条或油门拉杆限制在标定功率位置时测得的速度特性称为全负荷特性或外特性。

48. 万有特性曲线:分别以平均有效压力和转速为纵、横坐标,由等比油耗曲线和等功率曲线组成的一组能方便表示出任一工况燃烧经济性的曲线图。

49. 指示功率:柴油机单位时间内热能所转化的机械能,即缸内气体推动活塞所做的功,用 η_i 表示。

50. 有效功率:柴油机从曲轴上向外输出的净功率,用 η_e 表示。它有 15min、1h、12h 和持久功率之分,表示允许柴油机分别在上述时间内的最大有效功率。

(二) 问答

1. 什么叫三视图？基本视图有哪几种？

(1) 主视图、俯视图、左视图通称为三视图。(2) 基本视图有主视图、俯视图、左视图、右视图、仰视图、后视图六种。

2. 游标卡尺读数应注意什么？

(1) 要以游标卡尺的"0"线作基准，切不可以量爪的边线作基准读数。(2) 主尺上标的数码是表示厘米数，不要直接读成毫米。(3) 读数时要看准，如果游标卡尺副尺上没有一条刻线与主尺刻线完全对齐，说明尺寸在靠近两者之间，应找出对得较齐的那条刻线作为游标卡尺的读数。(4) 读数时，应将卡尺持平，朝着亮的方向来读数，眼睛应垂直地看所读的刻线，防止因偏视而造成读数误差。

3. 百分尺使用注意什么？

(1) 百分尺测量面应保持干净，使用前应校准尺。(2) 测量时，先转动活动套管，当测量面将接近工件时，改棘轮，直到棘轮发出吱吱声音为止。(3) 测量时，百分尺要放正，并要注意温度影响 (4) 不能用百分尺去测量毛坯，更不能在工件转动时去测量。

4. 百分表使用注意什么？

(1) 应先检查测杆在套筒内是否灵活，且应擦净测杆、测头。(2) 为了在测量时能够读出负值，应预置 0.3～1mm 的压缩量，将表盘圈调整零位。(3) 百分表的触头应垂直于被检验的工件表面，同时测杆在测量过程中升降范围不要过大。

5. 柴油机配套机组怎样吊装?

(1) 通过底盘左右两侧的起重吊环用钢丝绳进行吊装。(2) 严禁利用机体上的起重吊挂和其他部位起吊配套机组,因配套机组重量较大,其重心前移易造成机体变形损坏,甚至因吊装不稳而引起事故。

6. 配套机组的柴油机对安装基础有什么要求?

(1) 柴油机配套机组可将底盘支承于预先制好的平台底座或基础上。(2) 用薄钢垫片调整水平,使各支点接触均匀,用螺栓或压板固紧,在使用中不得产生松动。

7. 力的图示是什么?

(1) 力可以用一根按一定比例(标度)画出的带箭头的线段来表示。(2) 它的长短表示力的方向,箭头或箭尾表示力的作用点。(3) 箭头所沿的直线叫做力的作用线,这种表示力的方法称为力的图示。

8. 力学中经常遇到哪三种力?单位如何表示?

力学中经常遇到的三种力是重力、弹力和摩擦力。它们的单位都是牛顿,简称牛(N)。

9. 曲柄连杆机构工作时受哪些力的作用?

(1) 活塞顶部的气压力。(2) 机件运动产生的惯性力。(3) 各相对运动表面的摩擦力和摩擦阻力矩。(4) 工作负荷(即作用在曲轴上的阻力矩)。(5) 气缸壁和主轴承的约束反力。

10. 曲柄连杆机构的运动包括哪几个运动件?运动形式是怎样的?

曲柄连杆机构的运动包括活塞、连杆和曲轴三个运动件。运动形式:(1) 活塞:沿气缸中心线作往复直线运动。(2) 连机启动困难，燃烧不良，排气冒黑烟，转速降低，功率不足。

29. 气缸套磨损产生的原因有哪些？

（1）活塞沿气缸壁往复运动产生的摩擦作用。（2）燃油、润滑油或空气中的固体微粒，产生磨料磨损。（3）润滑油选用不当或油环安装不正确，造成润滑不良。（4）燃油或润滑油中含有腐蚀性物质产生化学蚀损。（5）缸套制造质量差，造成早期磨损。

30. 活塞环磨损的原因有哪些？

（1）活塞环随着活塞沿气缸套内壁往复运动，由于摩擦作用而产生磨损。（2）活塞环与气缸壁贴合不良或活塞环外圆表面张力不均，造成局部接触应力过大，使油膜破坏，出现局部干摩擦现象，使活塞环磨损加剧。（3）活塞环两端面上产生的一定程度的磨损。

31. 间隙配合与过盈配合不同点是什么？

（1）间隙配合是在孔与轴的配合中，孔的尺寸减去相配合轴的尺寸，其差值为正值。（2）过盈配合是在孔与轴的配合中，孔的尺寸减去相配合轴的尺寸，其差值为负值。

32. 齿轮传动的基本要求是什么？

（1）运动要平稳，要求齿轮在传动过程中，任何瞬时的传动比保持恒定不变。（2）承载能力强，要求齿轮的尺寸小、重量轻、承受载荷的能力大，也就是要求强度高、耐磨性好、使用寿命长。

33. 标准直齿圆柱齿轮主要参数有哪些？

（1）齿数，即齿轮圆周上的轮齿总数。（2）压力角，即标准压力角，是分度圆与齿廓交点的压力角。（3）模数，即

23. 柴油机的燃烧过程分几个阶段？最重要的阶段是哪个？

柴油机的燃烧过程共分四个阶段，即着火延迟期、速燃期、缓燃期、后燃期。最重要的阶段是着火延迟期。

24. 着火延迟期缩短的途径有哪些？

（1）提高压缩过程终了时气缸内空气的温度和压力，如提高压缩比，采用增压方法等。（2）采用自燃性好的燃料，即柴油的十六烷值尽可能高些。（3）选择有利的供油提前角，一般情况下，高速运转的柴油机最佳供油提前角为 10°～15° 曲轴转角。

25. 选择柴油机的原则是什么？

（1）根据柴油机外特性判断动力特性是否能满足从动机的要求，根据负荷特性判断柴油机是否在经济条件下运行。（2）根据柴油机和从动机相配合的适应性选择。

26. 钻井过程对柴油机的要求是什么？

（1）要有高动力性能，即功率大，转速和扭矩能在较大范围内调节。（2）要有好的经济性。（3）要有高的工作可靠性和足够的使用寿命。（4）要结构紧凑，操作维修方便，易于拆装和运输。

27. 柴油机启动的必要条件是什么？

（1）得到必要的启动转速。（2）具有一定的压缩压力，从而获得燃料自燃所需的温度。（3）向气缸内喷入雾化良好的柴油。（4）供应燃料燃烧所需的充足空气。

28. 气缸套磨损后柴油机故障现象有哪些？

（1）压缩冲程时，压缩压力不足，曲轴箱内有"嘶嘶"的漏气声。（2）运转中，曲轴箱通气孔排烟比正常多，严重时带有油雾。（3）润滑油窜入燃烧室，耗油量增加。（4）柴油齿距与圆周率的比值。

34. 液压传动的工作原理是什么？

（1）液压传动的工作原理是以油液作为工作介质，依靠密封容积的变化来传递运动，依靠油液内部的压力来传递动力。（2）液压传动装置实际上是一种能量转换装置，先将机械能转变成便于输送的液压能，然后又将液压能转变成机械能来驱动工作机构。

35. 液压传动系统的组成与功用是什么？

（1）动力部分（液压泵），作用是向液压系统提供压力油，是系统的动力来源。（2）执行部分（液压缸及液压马达）是将液压能转变为机械能，并分别输出直线运动和螺旋运动的元件。（3）控制部分（溢流阀、节流阀、换向阀），分别用来控制和调节液压系统的压力、流量和液流方向，以满足执行元件对力、速度和运动方向的要求。（4）辅助部分（其他辅助元件）作用是分别连接系统、储存液体。

36. 标注尺寸应注意问题有哪些？

（1）功能尺寸必须直接注出。（2）非功能尺寸的注法要符合制造工艺要求。（3）不能注成封闭尺寸链。（4）各处孔除采用普通注法外，还可采用旁注法。

37. 尺寸基准有哪些？用途是什么？

（1）设计基准：用途是用来确定零件在机器中位置的接触面、对称面、回转面的轴线等。（2）工艺基准：用途是用来确定零件在机床上加工时的装夹位置，以及测量零件尺寸时所利用的点、线、面。

38. 绘制零件草图的步骤有哪些？

（1）分析零件选择视图。（2）画视图。（3）确定需要标注的尺寸，画出尺寸界线，尺寸线和箭头。（4）测量尺寸并逐个填写尺寸数字。（5）注写各项技术要求。（6）填写标题栏，全面检查草图。

39. 柴油机功率不足增压器的故障有哪些？

（1）增压器转子组不灵活，使其工作能力下降，增压压力达不到规定值。（2）压气机叶轮、扩压器、涡轮机涡轮、喷嘴环等零部件损坏。（3）压气机或涡轮机太脏，使增压压力降低。

40. 柴油机功率不足喷油泵的故障有哪些？

（1）供油定时不对，即供油提前角过大或过小。（2）喷油泵弹簧断裂。（3）喷油泵限位铅封被破坏。（4）喷油泵柱塞套筒偶件严重磨损。（5）出油阀卡住或出油阀弹簧断裂。

41. 润滑油温度过高的原因有哪些？

（1）润滑系统故障：机油泵缺润滑油。（2）冷却系统故障：油冷器脏、污堵，冷却液不足或水温高。（3）使用维护保养方面原因：活塞环磨损严重或卡住，造成气缸漏气，轴承烧损。（4）长时间负荷过重或超负荷运转。

42. 柴油机的润滑油压力过低润滑系统的故障有哪些？

（1）机油压力调整阀调压不当。（2）油底壳内液面低或润滑油稀释。（3）使用的润滑油牌号不符合规定。（4）润滑系统泄漏。（5）机油泵、压力表损坏。

43. 柴油机排气冒黑烟的原因有哪些？

排气冒黑烟，表示燃烧室内喷入柴油过多，在极端缺氧的情况下进行燃烧，造成燃烧不完全，一部分碳元素烧不完，形成游离炭，悬浮在燃气中和废气一起排出而出现冒黑烟现象。

44. 柴油机的润滑油压力过高原因有哪些？

（1）油底壳内液面过高，润滑油压力高。（2）活塞环磨损或油环装倒。（3）气缸与活塞之间间隙大。（4）气缸盖处回油不畅，润滑油沿气门杆漏入气缸内。

45. 柴油机送大修的条件是什么？

（1）根据柴油机大修技术鉴定书，送修柴油机除事故性损坏或特殊情况外，柴油机应能运转，零部件齐全，不得有拆换或短少。（2）柴油机送大修时，应将柴油机的有关技术资料随同送厂，承修厂会同送修单位填写柴油机交接清单，办理交接手续。

46. 验收柴油机外表检查的主要内容有哪些？

（1）查看柴油机外部零件有无碰伤、缺损，气缸体、缸盖、水泵、散热器、喷油泵、水管和油管以及油封等处有无渗漏现象。（2）检查传动和安全装置是否松动和损坏。

47. 柴油机修理过程中进行磨合和试验是为什么？

（1）磨合和实验是延长柴油机使用寿命，检查修理质量的工序。（2）通过磨合试验，消除摩擦副零件表面的粗糙度使其配合和形状更有利于工作要求，并检查排除修理及装配中的缺陷。（3）提高修理质量。

48. Z12V190B 型柴油机总装顺序是什么？

Z12V190B 型柴油机总装时，在先装好机体组（缸套）的基础上，依次装：凸轮轴—曲轴—活塞连杆—缸盖—油底壳、机油泵、飞轮、减振器、高压油泵—增压器及中冷器然后进行密封实验。

49. 柴油机试车后的工作要求有哪些？

（1）清洗机油滤清器，检查有无超出正常范围的金属屑。

(2) 试验(磨合) 时间较长的柴油机应清洗油底壳,更换标准润滑油。(3) 重新按规定检查,紧固气缸盖螺母。(4) 整理修理记录资料应齐全、准确。

50. 柴油机试车过程中应检查的内容有哪些?

(1) 各部分不准有漏油、漏水、漏气。(2) 各仪表读数符合出厂规定。(3) 各运转部位无过热现象。(4) 不得有异常振动和异常声响。

51. 交流电的周期是什么?用公式表示周期与频率的关系。

交流电的周期是指交流电变化一周所需要的时间。周期与频率的关系为:$T = 1/f$。

52. 测量电流的方法是什么?

(1) 测量时将电流表串联接入测量电路中。(2) 使用钳形电流表进行测量。

53. 不知道电压的高低时,用万用表测量交流电压应如何操作?

先用最高电压挡测量,再根据读数选择适当的挡位进行精确测量。

54. 保护接地的定义是什么?

为了防止因绝缘损坏而遭受触电的危险,将与电气设备带电部分相绝缘的金属外壳或构架同接地体之间做良好的电气连接,称为保护接地。

55. 三相短路造成的危害有哪些?

(1) 强大的短路电流可烧毁线路及供电设备,使生产造成损失。(2) 造成电网电压幅度下降,影响其他用电设备的正常运行。(3) 可危及工作人员的安全。

56. 电力系统经常发生的事故是哪几种?

(1) 线路短路事故。(2) 接地事故。(3) 断线事故。

57. 发生触电的原因有哪些?

(1) 没有遵守安全工作规程, 直接接触或过分靠近电气设备的带电部分。(2) 电气设备安装不合乎规程的要求, 带电体对地的安全距离不够。(3) 人体触及到因绝缘损坏而带电的电气设备外壳和与之相连接的金属构架。(4) 靠近电气设备的绝缘损坏, 接地短路处遭到较高电位所引起的伤害。(5) 不懂电气技术的人到处乱拉电线、电灯, 造成触电。

58. 电动机保护装置应装哪些?

(1) 4.5kW 以下的电动机通常只装设短路保护装置。(2) 一般选用交流接触器和熔断器进行保护。(3) 其中接触器内装的热继电器做过载保护。(4) 熔断器作短路保护。(5) 大容量电动机采用继电器和自动开关进行保护。

59. 有人触电应该采取什么方法?

(1) 立即断开近处的电源开关, 或拔去电源插头。(2) 使用相应等级的绝缘工具如木柄斧、胶把钳等迅速切断电源导线。(3) 用干燥的衣服、手套、绳索、板、木棒等绝缘物, 拉开触电者或挑开导线。

60. 柴油机在何种情况要紧急停车? 采取什么方法?

遇下述情况紧急停车: (1) 机油压力突然下降。(2) 柴油机出现不正常声音。(3) 飞轮松动出现不正常声音。(4) 柴油机飞车。(5) 柴油机温度急剧上升。(6) 柴油管路断裂。(7) 柴油机现场出现燃烧、爆炸事故。

紧急停车方法：（1）直接按紧急停车手柄或关闭油门。（2）加大负荷使柴油机憋灭。

61. 柴油机启动电瓶上面为什么要用绝缘材料覆盖？

防止工具等导电物体与电瓶极点接触，电瓶爆炸伤人。

二、HSE 知识

（一）名词解释

1. 触电： 电流通过人体与大地或其他导体形成回路。

2. 静电： 电流通过人体与大地及其他导体形成回路。由于物体与物体之间的紧密接触和分离，或者相互摩擦，发生了电荷转移，破坏了物体原子中的正负电荷的平衡而产生的电。

3. 跨步电压触电： 电气设备绝缘损坏或当输电线路一根导线断线接地时，在导线周围的地面上，由于两脚之间的电位差所形成的触电。

4. 保护接零： 在正常情况下，将电器设备不带电的导电部分与低压配电网的零线连接起来，防止漏电发生触电事故。

5. 保护接地： 在正常情况下，将电器设备不带电的导电部分与接地体连接起来，防止漏电发生触电事故。

6. 燃烧： 凡物质与氧化合时，发生大量的热和光的现象。

7. 闪燃： 在一定温度下，易燃、可燃液体表面上的蒸气和空气的混合气体与火焰接触时，能闪出火花，但随即熄灭，这种瞬间燃烧的过程称为闪燃。

8. 自燃： 可燃物质在没有外部明火焰等火源的作用下，因受热或自身发热并蓄热所产生的自行燃烧的现象。

9. 着火：可燃物受外界火源直接作用而开始的持续燃烧。

10. 爆燃：可燃物质（气体、雾滴和粉尘）与空气或氧气的混合物由火源点燃，火焰立即从火源处以不断扩大的同心球，自动扩展到混合物存在的全部空间，这种以热传导方式自动在空间传播的燃烧现象。

11. 爆炸极限：当可燃气体、可燃粉尘或液体蒸气与空气（氧气）混合达到一定浓度时，遇到火源就会爆炸，这个浓度范围称为爆炸浓度或爆炸极限。

12. 火灾：在时间或空间上失去控制的燃烧造成的灾害。

13. 冷却法：将灭火剂直接喷射到燃烧物上，以降低燃烧物温度于燃点之下，使燃烧停止的灭火方法。

14. 窒息法：用于降低氧浓度来灭火的方法。

15. 隔离法：关闭有关阀门，切断流向火区的可燃气体和液体通道的灭火方法。

16. 噪声：物体的复杂振动由许许多多频率组成，而各频率之间彼此不成简单的整数比，这样的声音听起来就不悦耳也不和谐，还会使人烦躁，这种频率和强度都不同的各种声音的杂乱组合而产生的声音称为噪声。

17. 锁定：使设备实施与驱动动力完全分开的过程称为锁定。

18. 清洁生产：将整体预防的环境战略持续应用于生产过程、产品和服务中，以期提高资源利用效率并减少或消除环境污染和生态破坏。

19. 挂牌：当对设备控制系统和动力供给系统进行锁定时，或不能采取有效方式进行完全锁定时，都必须通过悬挂标签、标牌等方式进行提示、提醒、警告、警示，这个过程和方法称为挂牌。

(二) 问答

1. 哪些物质易产生静电?

金属、木柴、塑料、化纤、油制品等易产生静电。

2. 为什么静电能将可燃物引燃?

因为可燃性气体及蒸气与空气混合的最小引燃能量为 0.009mJ,可燃性气体与氧气混合的最小引燃能量为 0.0002~0.0027mJ,粉尘的最小引燃能量为 5~60mJ,通常静电放出的电火花能量,完全能使可燃物引燃。

3. 防止静电有哪几种措施?

(1) 增加湿度。(2) 采用感应式静电消除器。(3) 采用高压电晕放电式消除器。(4) 采用离子流静电消除器。(5) 穿防静电鞋。(6) 穿防静电服。

4. 怎样预防静电事故的发生?

(1) 易产生静电的设备、设施及装置必须做好接地工作。(2) 增强环境的湿度,降低其温度,尽量减少环境中易燃易爆粉尘或气体的浓度。(3) 改进生产工艺,使静电中和或不产生静电。

5. 触电的现场急救方法主要有几种?

人工呼吸法、人工胸外心脏挤压法两种。

6. 发生人身触电应该怎么办?

(1) 当发现有人触电时,应先断开电源。(2) 在未切断电源时,为争取时间可用干燥的木棒、绝缘物拨开电线或站在干燥木板上或穿绝缘鞋用一只手去拉触电者,使之脱离电源,然后进行抢救。人在高处应防止脱电后落地摔伤。(3) 触电后昏迷但又有呼吸者应抬到温暖、空气流通的地方休息,如呼吸困难或停止，立即进行人工呼吸。

7. 如何使触电者脱离电源？

（1）尽快断开与触电者有关的电源开关。（2）用相适应的绝缘物使触电者脱离电源。（3）现场可采用短路法使断路器跳闸或用绝缘杆挑开导线。（4）脱离电源时要防止触电者摔伤。

8. 预防触电事故的措施有哪些？

（1）采用安全电压。（2）保证绝缘性能。（3）采用屏护。（4）保持安全距离。（5）合理选用电器设备。（6）装设漏电保护器。（7）保护接地与接零等。

9. 触电急救有哪些原则？

进行触电急救，应坚持"迅速、就地、准确、坚持"的原则。

10. 触电急救要点是什么？

（1）迅速切断电源。（2）若无法立即切断电源时，用绝缘物品使触电者脱离电源。（3）保持呼吸道畅通。（4）立即呼叫"120"急救电话，请求救治。（5）如呼吸、心跳停止，应立即进行心肺复苏。（6）妥善处理局部电烧伤的伤口。

11. 安全用电注意事项有哪些？

（1）手潮湿（有水或出汗）不能接触带电设备和电源线。（2）各种电器设备，如电动机、启动器、变压器等金属外壳必须有接地线。（3）电路开关一定要安装在火线上。（4）在接、换熔断丝时，应切断电源。熔断丝要根据电路中的电流大小选用，不能用其他金属代替熔断丝。（5）正确地选用电线，根据电流的大小确定导线的规格及型号。（6）人体不要直接与通电设备接触，应用装有绝缘柄的工具（绝缘手柄的夹钳等）操作电器设备。（7）电器设备发生火灾时，应立即切断电源，并用二氧化碳灭火器灭火，切不可用水或泡沫灭火器灭火。（8）高大建筑物必须安装避雷器，如发现温升过高，绝缘下降时，应及时查明原因，消除故障。（9）发现架空电线破断、落地时，人员要离开电线地点8m以外，要有专人看守，并迅速组织抢修。

12. 扑救火灾的原则是什么？

（1）报警早，损失少。（2）边报警，边扑救。（3）先控制，后灭火。（4）先救人，后救物。（5）防中毒，防窒息。（6）听指挥，莫惊慌。

13. 常用的消防器材有哪些？

有灭火器、消防桶、消防锹、消防砂、消防镐、消防钩、消防斧等。

14. 目前油田常用的灭火器有哪些？

目前油田常用的灭火器有泡沫灭火器、二氧化碳灭火器、干粉灭火器等。

15. 手提式干粉灭火器如何使用？适用哪些火灾的扑救？

使用方法：首先拔掉保险销，然后一手将拉环拉起或压下压把，另一只手握住喷管，对准火源。适用范围：扑救液体火灾、带电设备火灾和遇水燃烧等物品的火灾，特别适用于扑救气体火灾。

16. 使用干粉灭火器的注意事项有哪些？

（1）要注意风向和火势，确保人员安全。（2）操作时要保持竖直不能横置或倒置，否则易导致不能将灭火剂喷出。

17. 如何检查管理干粉灭火器？

（1）放置在通风、干燥、阴凉并取用方便的地方。（2）避免高温、潮湿和腐蚀严重的场合，防止干粉灭火剂结块、分解。

(3)每季度检查干粉是否结块。(4)检查压力显示器的指针应在绿色区域。(5)灭火器一经开启必须再充装。

18. 如何报火警?

一旦失火,要立即报警,报警越早,损失越小,打电话时,一定要沉着。首先,要记清火警电话"119",接通电话后,要向接警中心讲清失火单位的名称地址、火源是什么、火势大小,以及着火的范围。同时,还要注意听清对方提出的问题,以便正确回答。其次,把自己的电话号码和姓名告诉对方,以便联系。打完电话后,要立即派人到交叉路口等待消防车的到来,以利于引导消防车迅速赶到火灾现场。还要迅速组织人员疏散消防通道,消除障碍物,使消防车到达火场后能立即进入最佳位置灭火救援。

19. 油、气、电着火如何处理?

(1)切断油、气、电源,放掉容器内压力,隔离或搬走易燃物。(2)刚起火或小面积着火,在人身安全得到保证的情况下要迅速灭火,可用灭火器、湿毛毡、棉衣等。若不能及时灭火,要控制火势,阻止火势向油、气方向蔓延。(3)大面积着火,或火势较猛,应立即报火警。(4)油池着火,勿用水灭火。(5)电器着火,在没切断电源时,只能用二氧化碳、干粉等灭火器灭火。

20. 为什么要使用防爆电气设备?

有石油蒸气的场所,电气设备发生短路、碰壳接地、触头分离等情况,会产生电火花,可能引起油蒸气爆炸。因此,在有石油蒸气场所,必须使用防爆型电气设备。

21. 哪些场所应使用防爆电气设备?

在输送、装卸、装罐、倒装易燃液体的作业场所应使用防爆电气设备；在传输、装卸、装罐，倒装可燃气体的作业场所应使用封闭式电气设备。例如，在石油蒸气聚集较多的轻油泵房、轻油罐桶间等场所，所使用的电动机、启动器、开关、漏电保护器、接线盒、插座、按钮、电铃、照明灯具等，都必须是防爆电气设备。

22. 防爆有哪些措施？

在爆炸条件成熟以前采取下述防爆措施：（1）加强通风，降低形成爆炸混合物的浓度，降低危险等级。（2）合理配备现代化防爆设备。（3）采取科学仪器，从多方面监测爆炸条件的形成和发展，以便及时报警。

23. 哪些伤害必须现场抢救？

触电、中毒、淹溺、中暑、失血。

24. 外伤急救步骤是什么？

止血、包扎、固定、送医院。

25. 有害气体中毒急救措施有哪些？

（1）气体中毒开始时有流泪、眼痛、呛咳、眼部干燥等症状，应引起警惕，稍重时头昏、气促、胸闷、眩晕，严重时会引起惊厥昏迷。（2）怀疑可能存在有害气体时，应立即将人员撤离现场，转移到通风良好处休息，抢救人员进入险区必须佩戴正压式空气呼吸器。（3）已昏迷病员应保持气道通畅，有条件时给予氧气呼入，呼吸心跳骤停者，按心肺复苏法抢救，并联系急救部门或医院。（4）迅速查明有害气体的名称，供医院及早对症治疗。

26. 烧烫伤急救要点是什么？

（1）迅速熄灭身体上的火焰，减轻烧伤。（2）用冷水冲洗、冷敷或浸泡肢体，降低皮肤温度。（3）用干净纱布或被单覆盖和包裹烧伤创面，切忌在烧伤处涂各种药水和药膏。（4）可给烧伤伤员口服自制烧伤饮料糖盐水，切忌给烧伤伤员喝白开水。（5）搬运烧伤伤员，动作要轻柔、平稳，尽量不要拖拉、滚动，以免加重皮肤损伤。

27. 如何判定触电伤员呼吸、心跳？

触电伤员如意识丧失，应在10s内，用看、听、试的方法，判定伤员呼吸心跳情况。看，看伤员的胸部、腹部有无起伏动作。听，用耳贴近伤员的口鼻处，听有无呼气声音。试，试测口鼻有无呼气的气流。再用两手指轻试一侧（左或右）喉结旁凹陷处的颈动脉有无搏动。若看、听、试结果，既无呼吸又无颈动脉搏动，可判定呼吸心跳停止。

28. 如何进行口对口（鼻）人工呼吸？

在保持伤员气道通畅的同时救护人员用放在伤员额上的手的手指捏住伤员鼻翼，救护人员深吸气后，与伤员口对口紧合，在不漏气的情况下，先连续大口吹气两次，每次1～1.5s。如两次吹气后试测颈动脉仍无搏动，可判断心跳已经停止，要立即同时进行胸外按压。除开始时大口吹气两次外，正常口对口（鼻）呼吸的吹气量不需过大，以免引起胃膨胀，吹气和放松时要注意伤员胸部应有起伏的呼吸动作。触电伤员如牙关紧闭，可口对鼻人工呼吸。口对鼻人工呼吸吹气时，要将伤员嘴唇紧闭，防止漏气。

29. 如何对伤员进行胸外按压？

（1）救护人员右手的食指和中指沿触电伤员的右侧肋弓下缘向上，找到肋骨和胸骨接合处的中点。（2）两手指并齐，中指放在切迹中点（剑突底部），食指平放在胸骨下部。（3）另一只手的掌根紧挨食指上缘，置于胸骨上，找准正确按压位置。

（4）救护人员的两肩位于伤员胸骨正上方，两臂伸直，肘关节固定不屈，两手掌根相叠，手指翘起，不接触伤员胸壁。（5）以髋关节为支点，利用上身的重力，垂直将正常人胸骨压陷 3~5cm（儿童和瘦弱者酌减）。（6）压至要求程度后，立即全部放松，但放松时救护人员的掌根不得离开胸壁。按压必须有效，有效的标志是按压过程中可以触及颈动脉搏动。

30. 心肺复苏法操作频率有什么规定？

（1）胸外按压要以均匀速度进行，每分钟 80 次左右，每次按压和放松的时间相等。（2）胸外按压与口对口（鼻）人工呼吸同时进行，其节奏为单人抢救时，每按压 15 次后吹气 2 次（15∶2），反复进行。双人抢救时，每按压 5 次后由另一人吹气 1 次（5∶1），反复进行。

31. 心肺复苏有效的特征是什么？

（1）脸色转红。（2）瞳孔收缩到正常大小。（3）恢复可知的呼吸及有血液循环表征。（4）有知觉、反复呻吟等。

32. 流血不止怎么办？

（1）四肢或手指出血，应该马上用一块干净的纱布或较宽的干净布条将伤口紧紧地包扎住，如有条件，最好撒一些云南白药在伤口上再包扎。（2）如果是鼻子出血，可以把头仰起，用手指紧压住出血一侧的鼻根部，以一直到不出血为止。如果有干净棉球，可以把棉球塞进鼻孔里压迫止血。另外，可以用冷水浇在后脑部，这样会使血管收缩，从而达到止血的目的。

33. 消防演习都有哪些程序？

（1）钻台发出消防演习警报。（2）所有人员都到上风口的集合地点集合，钻台上司钻和内钳坚守岗位。（3）到集合地点集合后,将起火地点提示给带班队长,带班队长为消防队队长,统一指挥消防演习。(4)机房司机立即到井场大门口,阻止任何人员和车辆入井场。(5)电工到配电房等候指令。(6)外钳工负责检查消防泵以及倒阀门,完毕向带班队长汇报。(7)副司钻、井架工、场地工负责向指定的地点铺设消防水龙带,副司钻同时负责阀门的开启。(8)副井架工、机房司机手提灭火机跑向指定地点,并模拟灭火状态。(9)水龙带铺伸完毕接好水枪后,带班队长下令启动消防水泵。(10)进行灭火。(11)灭火完毕,带班队长向甲方汇报,并向钻台示意,两声短笛表示演习结束。(12)消防队员将消防器材归位。

34. 怎样处理低压触电?

(1)触电地点有开关,立即断开。(2)触电地点无开关,用电工钳或干木柄挑开电线。(3)电线拱落在人身上,可用干燥衣服、手套、绳、木板拉人或拉开电线。(4)触电者衣服干燥,可拉衣服把人拉开。

35. 怎样处理高压触电?

(1)立即通知有关部门停电。(2)戴绝缘手套,穿绝缘鞋,用相应电压等级的绝缘工具拉开开关。(3)抛掷裸线接地,迫使短路装置动作,断电源,注意勿抛到人身上。

36. 硫化氢对人体危害的生理过程是怎样的?

(1)硫化氢通过口腔、呼吸道、肺部,进入血液及全身各器官。(2)刺激呼吸道,使嗅觉钝化、咳嗽、灼伤。(3)眼睛被刺痛,严重时失明。(4)刺激神经系统,导致头晕,丧失平衡,呼吸困难。(5)心脏加速,严重时缺氧而死。

37. 发生火灾时应采取哪些措施?

(1)稳定情绪,争取时间,尽快脱离现场。(2)选择通道果断脱离。如果楼梯已经起火但火势不很猛烈时，可披上用水浸湿的衣服或被单由楼上快速冲下。如果楼梯火势很猛烈而不能强行通过时，可以利用绳子或把床单撕成布条连接成绳子，将一端拴在牢固的地方，再顺着绳子从窗户滑下。逃离时千万不要乘电梯，以防电路断掉后被困在电梯中。（3）争取时间，等待救援。

38. 柴油机噪声应如何防治？

（1）可将柴油机改为电动机代替，以减少噪声污染。（2）可考虑从噪声的传播途径上进行控制。（3）可以用活动板房将柴油机隔离，在板房内壁加装隔声、吸声和阻尼材料来减少噪声的对外传播。（4）同时加强个人防护，佩戴耳塞、耳罩、耳棉等防噪用品，以减少噪声危害。

39. 哪些原因容易导致发生机械伤害？

（1）工、夹具、刀具不牢固，导致工件飞出伤人。（2）设备缺少安全防护设施。（3）操作现场杂乱，通道不畅通。（4）金属切屑飞溅等。

40. 为防止机械伤害事故，有哪些安全要求？

对机械伤害的防护要做到"转动有罩、转轴有套、区域有栏"，防止衣袖、发辫和手持工具被绞入机器。

41. 机泵容易对人体造成哪些直接伤害？

（1）夹伤：在工作中使用工具不当时会夹伤手指。（2）撞伤：在受到机泵的运动部件的撞击时会造成伤害。（3）接触伤害：当人体接触到机泵高温或带电部件时造成伤害。（4）绞伤：头发、衣物等卷入机泵的转动部件造成伤害。

第三部分 基本技能

以下内容均以 190 系列柴油机为例。

一、操作技能

1. 启动柴油机前的检查与准备操作

准备工作：

(1) 正确穿戴劳动保护用品。

(2) 设备、工用具、材料准备：300mm 活动扳手 1 把，平头螺丝刀 1 把，手钳 1 把，400g 黄油枪 1 把，盘车工具 1 个，润滑油、冷却液、黄油、擦布若干。

操作程序：

(1) 向油底壳内加注机油，检查油池油位，检查喷油泵及调速器润滑油位（油底壳油面应保持在油尺两刻线之间，喷油泵加至机油刚从侧面螺堵孔流出）。

(2) 向冷却水箱加经处理的防冷液，并检查水位。

(3) 检查连接燃油箱至柴油机间的供油管线，在柴油机端排除管路内的空气。

(4) 打开气缸盖放气塞，转动曲轴 2～3 圈。

(5) 各零部件螺栓（带螺母）及各管线接头处连接紧固。

(6) 高压油泵齿条移动灵活，调速器停车手柄灵活。

(7) 气路系统合乎要求（使用气压力达到 0.7~0.8MPa）。

(8) 按日常保养要求向固定加油点加注润滑油。

(9) 用气动预供油泵泵油，应使油压表的指示到标准要求的位置（达到 0.098MPa）。

(10) 活动油门操纵装置并控制在怠速位置，压下油压低自动停车装置的扳杆，使拨叉与齿条上的挡块脱开。

(11) 清除周围阻碍物，打开气源总旋阀准备启动。

(12) 在冬季气温较低环境下，启动前准备工作应注意以下几点：

①机油及燃油必须按规定要求换冬季用油型号。

②启动前必须将机油预到 40℃。

③冷却系统中加入 80℃ 以上的热水进行预热，加防冷液除外。

(13) 收拾工具，清理现场。

操作安全提示：

防止高温冷却液烫伤。

2. 启动柴油机操作

准备工作：

(1) 正确穿戴劳动保护用品。

(2) 设备、工用具、材料准备：300mm 活动扳手 1 把，平头螺丝刀 1 把，盘车工具 1 个，润滑油、冷却液、擦布若干。

操作程序：

(1) 按动启动按钮，接通气动马达的气路，使柴油机启动。

(2) 气动马达每次启动连续运转时间不得超过 15s，两次启动应间隔1min以上，启动成功后，气动马达启动系统应立即关闭气源总阀，以防止柴油机在运行中误触启动按钮而导致马达损坏。

（3）注意油压、排气烟色是否正常，倾听各缸爆发是否有异常，同时用手摸各缸排气管的温度，确定各缸是否工作，并打开1~2个缸头罩检查摇臂上油情况。

（4）启动后（怠速时间不宜过长）机况正常，则应逐渐升高转速至1000r/min左右进行预热、等机油温度达到45℃，水温达到55℃，机油压力在规定要求范围（0.5~0.8MPa），然后再将转速升至1300~1400r/min以上，方可带负荷，严禁猛轰油门使转速突然升高。

（5）预热过程中，应检查水箱水量是否充足，有无油花，油底壳机油面是否在规定范围内，水泵工作是否正常。

（6）收拾工具，清理现场。

操作安全提示：

（1）严禁猛轰油门突然升高转速。

（2）当心运转机械伤人。

（3）禁止带负荷启动。

3. 柴油机带负荷及运转操作

准备工作：

（1）正确穿戴劳动保护用品。

（2）设备、工用具、材料准备：300mm活动扳手1把，平头螺丝刀1把，润滑油、冷却液、黄油、擦布若干。

操作程序：

（1）柴油机机油温度达到45℃，水温达到55℃，机油压力达到规定要求范围内，才允许转入全负荷工作。

（2）当柴油机温度，机油压力等均正常时，应分别将转速控制在低、中、高三种情况下试转,使柴油机在各种情况下能稳定运转,无转速忽高忽低现象。

(3) 柴油机带负荷时,为避免转速突变,要求操作平稳,气开关应三次合上。

(4) 带负荷后,应注意机油压力变化,油水温度,排气烟色及响声有无异常。

(5) 负荷与转速的增加应逐渐而又均匀地上升,非特殊情况下不许突增突减柴油机负荷与转数。

(6) 柴油机使用时,必须按说明书规定功率范围带负荷。

(7) 柴油机只能在持续功率下进行长时期连续运转,在额定功率(12h 功率)情况下,连续运转时间不超过 12h。

(8) 带负荷运转时应经常检查油水温度变化,保持油水充足,在风扇工作时,避免使温度忽高忽低,柴油机正常工作温度保持在 70℃ 以上为宜。

(9) 正常运转情况下,柴油机机油压力 0.5~0.8MPa,进水温度不得低于 40℃,出水温度不得超过 90℃,机油温度不得超过 90℃。

(10) 收拾工具,清理现场。

操作安全提示:

(1) 禁止高转速预热。

(2) 当心运转机械伤人。

(3) 柴油机空运转不到规定转速,不准带负荷。

(4) 禁止超负荷运转。

4. 柴油机正常停车操作

准备工作:

(1) 正确穿戴劳动保护用品。

(2) 设备、工用具、材料准备:300mm 活动扳手 1 把,平头螺丝刀1把,手钳1把,盘车工具1个,400g黄油枪1把,润滑油、冷却液、黄油、擦布若干。

操作程序:

(1) 停车前,应对柴油机各部进行全面检查,运转中有无不正常声音和其他故障,以便停车后检查保养。

(2) 停车前应先逐渐地卸去负荷,使柴油机在中速下空载运转一段时间。

(3) 当柴油机的油温、水温降到50~60℃时,再关闭油门,使柴油机停止运转。

(4) 停车后,必须将气路关闭,防止误操作发生事故。

(5) 在冬季停车后,应及时打开所有的放水阀,将冷却系统中所有的冷却水放掉,防止冻坏机体及零部件(对添加防冻液的柴油机可不放水)。

(6) 收拾工具,清理现场。

操作安全提示:

(1) 当心运转机械伤人。

(2) 停车前应先逐渐地卸去负荷。

5. 柴油机长期停用操作(一个月以上)

准备工作:

(1) 正确穿戴劳动保护用品。

(2) 设备、工用具、材料准备:300mm活动扳手1把,开口扳手若干,梅花扳手若干,平头螺丝刀2把(100mm、150mm各1把),手钳1把,盘车工具1个,400g黄油枪1把,润滑油、黄油、清洗液、擦布若干。

操作程序:

(1) 冷却系统放净冷却液。

(2) 润滑系统放净机油,并清洗机油滤清器。

(3) 燃料系统,要清洗各滤清器,并用压缩空气吹净各滤清器、高压油泵及管线中剩余的柴油。

(4) 清洁机件外表、对外露接头、螺栓、螺母的螺纹处涂抹防护油脂。

(5) 对橡胶、塑料制品的零件,用肥皂水清洁擦干。

(7) 油底壳处加机油口、曲轴箱通风口、空气滤清器进口、排气管出口处,用油纸覆盖后,再用塑料布包扎好。

(8) 凡是没有连接好的油、水、气管孔腔,用塑料布进行包扎,防止杂物、雨水、灰尘侵入。

(9) 仪表盘、保护板要盖上,原有的护罩边盖要装上,有条件时对整台机器要进行覆盖。

(10) 停放时间超过三个月以上应用防锈油封存。

(11) 收拾工具,清理现场。

操作安全提示:

当心压缩空气伤害。

6. 柴油机及柴油机组巡回检查

准备工作:

(1) 正确穿戴劳动保护用品。

(2) 设备、工用具、材料准备:300mm 活动扳手 1 把,开口扳手若干,梅花扳手若干,平头螺丝刀 1 把(100mm、150mm 各 1 把),手钳 1 把,管钳 1 把,400g 黄油枪 1 把,盘车工具 1 个,润滑油、冷却液、黄油、擦布若干。

操作程序:

(1) 飞轮与万向轴连接紧固,轮轴油堵及曲轴后油封完好,密封。

(2) 启动马达固定可靠,启动马达齿轮前端与飞轮后端间距为 4~4.5mm,各线路连接正确、牢固。

（3）左中冷器的管线连接牢固，无渗漏，左进排气管连接固定，无渗漏。

（4）空气滤清器固定、增压器的固定良好。

（5）左排机头盖、喷油器回油管无渗漏，缸盖螺母紧固。

（6）呼吸器盖、观察侧盖、机油精滤器等固定良好，无渗漏。

（7）高压油泵、各油管接头紧固无渗漏，齿条灵活，并检查调速器及高压油泵偏心轴腔内油位，不足时加油。

（8）低温循环水泵固定良好，无渗漏。

（9）检查柴油机机油油位及机油质量（油面应保持在油尺两刻线之间）。

（10）柴油输油泵和管线无渗漏及固定良好。

（11）机油滤清器及管线无漏油及固定良好。

（12）柴油滤清器及管线无漏油及固定良好。

（13）检查水箱的水量及水质，各管线及接头处无渗漏。

（14）风扇护罩及风扇皮带等固定良好。

（15）曲轴前后油封密封良好。

（16）油门操作装置灵活好用。

（17）各仪表齐全、指示正常，仪表板固定良好。

（18）高温循环水泵紧固，无渗漏。

（19）右排进排气管，机头盖及喷油器回油管连接紧固，无渗漏，缸盖螺母固定牢靠。

（20）机油冷却器、机油滤清器及机身观察孔盖固定可靠。

（21）飞轮无摆动现象。

（22）机座螺栓固定牢靠。

（23）启动系统各零部件固定牢靠。

(24) 收拾工具,清理现场。

7. 190系列发电机组启动与加载操作

准备工作:

(1) 正确穿戴劳动保护用品。

(2) 设备、工用具、材料准备:万用表一块,300mm活动扳手1把,开口扳手若干,梅花扳手若干,平头螺丝刀1把,手钳1把,盘车工具1个,润滑油、冷却液、擦布、绝缘胶布若干。

操作程序:

(1) 完成启动前的检查与保养。

(2) 按下柴油机上电动预供油泵按钮(或摇动手动预供油泵),向柴油机内预供泵油。当机油压力升至0.098MPa时,停止泵油。

(3) 按柴油机启动过程,将柴油机启动运转。柴油机启动后,应将其调至600~800r/min状态下运行暖机。待柴油机油水温升至40℃以上后,逐渐加速、加载。

(4) 转动加速手柄,使机组转速上升,调至稍高于额定转速。装有投励开关的机组,将投励开关置于"通"位置。

(5) 调整控制屏上电压整定电位器,使机组空载电压至400V。

(6) 按动主开关储能按钮,使储能指示灯亮。

(7) 按动主开关合闸按钮,使主开关合闸指示灯亮,同时主开关分闸指示灯灭,机组向负载供电。

(8) 逐渐增加负载,同时调整转速和电压,使机组在额定频率和额定电压下运行。

(9) 转动电压转换开关,检查三相电压是否平衡。

（10）配置电子调速器的机组，则通过调整控制屏上的转速定点电位器来调节机组的频率。

（11）收拾工具，清理现场。

操作安全提示：

（1）禁止高转速预热。

（2）当心运转机械伤人。

（3）柴油机空运转不到规定转速，不准带负荷。

（4）当心触电。

8. 发电机组停机操作

准备工作：

（1）正确穿戴劳动保护用品。

（2）设备、工用具、材料准备：300mm活动扳手1把，平头螺丝刀1把，手钳1把，盘车工具1个，400g黄油枪1把，润滑油、冷却液、黄油、擦布若干。

操作程序：

（1）机组停机前，应逐渐卸去负载，然后再按动主开关分断按钮，使主开关落闸。

（2）带有投励开关的机组，应将投励开关置于"断"位置。

（3）调节柴油机油门操纵装置（手柄、旋钮或电位器），降低机组转速至怠速状态。

（4）当柴油机油温降至60℃时，扳动停车手柄使柴油机停止运转。待机组停稳后，松开手柄。

（5）收拾工具，清理现场。

操作安全提示：

（1）当心运转机械伤人。

（2）停车前应先逐渐地卸去负荷。

二、常见故障判断处理

1. 柴油机气启动系统启动故障的原因是什么？如何处理？

故障原因：

（1）启动马达损坏。
（2）启动齿轮啮合不良。
（3）气源压力不足。
（4）气动管系漏气。
（5）继气器打不开。
（6）气控阀失灵。

处理方法：

（1）修理或更换启动马达。
（2）换启动马达齿轮，保持正常啮合。
（3）充气至规定压力。
（4）排除漏气现象。
（5）拆检清洗，加适量润滑油。
（6）拆检气控阀。

2. 燃油系统故障时，启动柴油机有什么现象？原因和处理方法是什么？

故障现象：

柴油机启动困难或不能启动。

故障原因：

（1）缺燃油或燃油箱阀门未打开。
（2）燃油箱安装位置过低。
（3）高压油管内有空气。

(4) 燃油滤清器堵塞或旋阀未打开。
(5) 喷油器污堵或滴油、漏油。
(6) 供油提前角不对。
(7) 油量调节齿杆卡住不在加油位置。

处理方法：
(1) 添加燃油打开阀门。
(2) 加高燃油箱。
(3) 排净管内空气。
(4) 清洗燃油滤清器、打开旋阀。
(5) 清洗或更换喷油器耦件。
(6) 调整齿杆处调节螺钉。
(7) 检修或更换单体泵。

3. 柴油机进排气系统故障，启动时有什么现象？原因和处理方法是什么？

故障现象：
启动困难或不能启动。

故障原因：
(1) 空气滤清器滤芯污堵。
(2) 进气管道堵塞。
(3) 配气定时不对。
(4) 气门活塞环、气缸盖处漏气。

处理方法：
(1) 清理空气滤清器。
(2) 清理进气管道。
(3) 重新调整配气定时。
(4) 研修气门、更换活塞环或气缸垫。

4. 柴油机功率不足时燃油系统故障原因和处理方法是什么？

故障原因：

（1）燃油质量不好或含水。
（2）燃油管路堵塞，油管泄漏。
（3）燃油滤清器污堵。
（4）喷油器堵塞，雾化不良。
（5）供油定时不对。
（6）传动杠杆限位铅封被破坏。
（7）喷油泵柱塞耦件磨损严重。
（8）油头伸出高度不符合要求。
（9）传动杠杆调节螺钉旋入太多或太少，齿杆伸出长度不合适。

处理方法：

（1）更换合适燃油，排除油箱内的积水。
（2）疏通油路，检修油管。
（3）清洗燃油滤清器。
（4）清洗、检修喷油器。
（5）重新校正供油定时。
（6）重新校正高度并铅封。
（7）更换耦件并进行调试。
（8）按要求重新选配。
（9）重新调整。

5. 柴油机运转时进排气系统产生故障原因和处理方法是什么？

故障原因：

（1）空气滤清器污堵。

(2) 空气滤清器纸滤芯潮胀。

(3) 进、排气道受阻。

(4) 配气定时不对。

(5) 进排气门下陷严重。

(6) 气缸盖或活塞环处漏气。

(7) 进排气门漏气。

(8) 中冷器脏污。

(9) 进排气凸轮磨损严重。

(10) 进气管道密封不严。

(11) 排气引管阻力过大,消声器不匹配。

(12) 高温或高原地区空气密度小。

处理方法:

(1) 清理空气滤清器。

(2) 干燥纸滤芯。

(3) 清理进、排气道。

(4) 检查并调整配气定时。

(5) 更换气缸盖镶圈。

(6) 更换气缸垫、活塞环。

(7) 研修气门。

(9) 更换凸轮轴。

(10) 拆检并更换密封件。

(11) 按规定要求设置排气引管和消声器。

(12) 选择合适的机型。

6. 柴油机运转不均匀时,喷油泵产生的故障原因和处理方法是什么?

故障原因:

(1) 燃油管路或喷油泵中有空气。

(2) 喷油器滴油、漏油或污堵。
(3) 喷油器柱塞弹簧断裂或弹力不足。
(4) 喷油泵柱塞偶件卡死。
(5) 喷油泵油量调节齿圈松动。
(6) 齿杆与齿圈磨损严重。
(7) 齿杆卡滞不灵活。
(8) 出油阀弹簧断裂或阀卡死。

处理方法：
(1) 排出燃油系统内空气。
(2) 检修或更换喷油器耦件。
(3) 更换柱塞弹簧。
(4) 更换柱塞偶件。
(5) 调试供油量并紧固锁紧螺钉。
(6) 更换有关零件。
(7) 检修或更换单体泵。
(8) 更换弹簧、检修出油阀耦件。

7. 柴油机机油压力低时，润滑系统产生的故障原因是什么？如何处理？

故障原因：
(1) 调节阀卡死或压力调节不当。
(2) 油底壳内缺油或油量不足。
(3) 机油稀释。
(4) 润滑系统泄漏。
(5) 油压表损坏。
(6) 机油泵磨损严重或损坏。

处理方法：
(1) 检修并调整至规定压力。

(2)添加机油至规定油量。
(3)更换机油并查明原因。
(4)检修并更换相关零件。
(5)更换油压表。
(6)更换或检修有关零件。

8. 柴油机机油温度过高时,润滑系统的故障原因是什么?如何处理?

故障原因:
(1)油底壳内液面过低或过高。
(2)机油泵泵油量不足。
(3)油温表损坏。

处理方法:
(1)调整机油液面至规定高度。
(2)检修机油泵。
(3)更换油温表。

9. 柴油机机油温度过高时,冷却系统的故障原因是什么?如何处理?

故障原因:
(1)机油冷却器堵塞。
(2)冷却水不足或水温过高。
(3)风扇皮带松弛。

处理方法:
(1)清洗机油冷却器。
(2)添加冷却水或检修冷却系统。
(3)调整风扇张紧度。

10. 柴油机机油稀释，冷却系统的故障原因是什么？如何处理？

故障原因：
（1）气缸套水圈漏水。
（2）水泵水封漏水。
（3）气缸盖喷油器护套上部漏水。
（4）机油冷却器冻裂或锈蚀穿透。

处理方法：
（1）更换封水圈。
（2）更换水泵水封。
（3）更换护套密封圈。
（4）更换机油冷却器芯子。

11. 柴油机机油稀释，燃油系统造成的故障原因是什么？如何处理？

故障原因：
（1）喷油器回油管接头漏柴油。
（2）喷油器滴油、漏油或雾化不良。
（3）输油泵漏油。

处理方法：
（1）检修或更换喷油器油回油管。
（2）检修或更换喷油器耦件。
（3）检修输油泵。

12. 柴油机排气温度过高，进排气系统的故障原因是什么？如何处理？

故障原因：
（1）进排气通道堵塞。
（2）空气滤清器污堵。

(3) 气门间隙不对。
(4) 排气引管、消声器阻力过大。

处理方法：
(1) 清洗进排气通道。
(2) 清理空气滤清器。
(3) 调整气门间隙。
(4) 按规定要求设置排气管和消声器。

13. 柴油机排气温度过高，燃油系统的故障原因是什么？如何处理？

故障原因：
(1) 燃油质量不好。
(2) 喷油器滴油、漏洞、雾化不良。
(3) 供油提前角过迟。

处理方法：
(1) 更换合格燃油。
(2) 检修或更换喷油器耦件。
(3) 重新调整供油提前角。

14. 柴油机呼吸器逸气异常的故障原因是什么？如何处理？

故障原因：
(1) 活塞环磨损严重或折断。
(2) 活塞、气缸套磨损严重或拉伤、烧伤。
(3) 轴瓦烧损。
(4) 增压器气封损坏。
(5) 各活塞环开口位置重合。
(6) 机油中有水。

(7) 喷油器压帽松动。

(8) 活塞破裂。

处理方法:

(1) 更换活塞环。

(2) 更换活塞环或气缸套。

(3) 配换轴瓦。

(4) 检修增压器气封。

(5) 调整活塞环开口位置。

(6) 更换机油。

(7) 重新调整紧固。

(8) 更换活塞。

15. 柴油机冷却水温度过高,冷却系统的故障原因是什么?如何处理?

故障原因:

(1) 水箱内冷却水不足。

(2) 水泵供水不足。

(3) 风扇皮带松弛。

(4) 散热水箱芯子或冷却管路堵塞。

处理方法:

(1) 添加冷却水。

(2) 检修水泵。

(3) 调整风扇张紧度。

(4) 清洗冷却系统。

16. 柴油机排气冒黑烟时,进排气系统的故障原因是什么?如何处理?

故障原因:

(1) 进排气道阻塞。

(2) 空气滤清器污堵。
(3) 排气引管及消声器阻力太大。
(4) 增压器污堵。
(5) 中冷器污堵。
(6) 气门间隙不对。

处理方法：
(1) 清洗进排气道。
(2) 清洗空气滤清器。
(3) 按规定要求设置排气引管、消声器。
(4) 清洗增压器。
(5) 清洗中冷器。
(6) 检查并调整气门间隙。

17. 柴油机排气冒黑烟时，燃油系统的故障原因是什么？如何处理？

故障原因：
(1) 喷油器滴油、漏油、雾化不良。
(2) 喷油泵供油定时不对。
(3) 出油阀弹簧断裂或阀卡死。
(4) 个别喷油泵供油量过多。
(5) 燃油质量不符合要求。

处理方法：
(1) 检修或更换耦件。
(2) 调整供泵定时。
(3) 检修或更换弹簧、出油阀。
(4) 调整、检修传动杠杆调节螺钉。
(5) 更换合格燃油。

18. 柴油机系统排气冒蓝烟的故障原因是什么？如何处理？

故障原因：

(1) 机油液面过高。
(2) 活塞环磨损严重。
(3) 气缸套或活塞磨损严重或损伤。
(4) 各活塞环开口位置重合。
(5) 增压器油封失效。

处理方法：

(1) 放出多余机油。
(2) 更换活塞环。
(3) 更换气缸套或活塞。
(4) 调整活塞开口位置。
(5) 检修或更换增压器油封。

19. 柴油机系统振动过大的故障原因是什么？如何处理？

故障原因：

(1) 扭振减振器失效。
(2) 飞轮不平衡或连接松动。
(3) 柴油机与被驱动机械对中性差。
(4) 安装固定螺栓松动。
(5) 柴油机底座刚性差。
(6) 各轴承磨损严重、间隙过大。
(7) 增压器涡轮叶片或压气机叶轮损坏。
(8) 平衡轴齿轮装配位置有误。
(9) 各缸工作不平衡。

处理方法：

(1) 检修或更换扭振减振器。

(2) 重新调整并紧固。
(3) 重新调整安装位置。
(4) 重新紧固。
(5) 加固底座。
(6) 配换轴承。
(7) 拆检配换有关零件。
(8) 按装配标记位置重新安装。
(9) 重新调整喷油泵各缸供油均匀度。

20. 柴油机燃烧过程中有敲击声的故障原因是什么？如何处理？

故障原因：

(1) 燃油质量不好。
(2) 喷油压力过高。
(3) 喷油量过大。
(4) 喷油器滴油、漏油、雾化不良。
(5) 供油提前角过早。
(6) 出油阀弹簧断裂或卡滞。
(7) 喷油泵供油时间不对。
(8) 配气定时不正确。

处理方法：

(1) 更换合格燃油。
(2) 检查并调试喷油压力。
(3) 检查并高度喷油泵供油量。
(4) 检修或更换喷油器耦件。
(5) 检查并调整供油提前角。
(6) 更换弹簧或阀。
(7) 检查并调整供油时间。

(8)检查调整或更换有关零件。

21. 柴油机有机械敲击声的故障原因是什么？如何处理？

故障原因：

(1) 活塞与气缸套间隙过大。

(2) 气门间隙过大。

(3) 活塞与气门碰撞。

(4) 轴承间隙过大。

(5) 活塞环磨损严重。

(6) 有机械物落入气缸内。

处理方法：

(1) 更换活塞与气缸套。

(2) 检查调整气门间隙。

(3) 检查气门间隙，更换有关零件。

(4) 配换轴承。

(5) 更换活塞环。

(6) 排除机械落物。